集英社

Introduction.
はじめに

僕が子供の頃に飼っていた犬のごはんは、冷たいご飯に冷めた味噌汁をかけた、
いわゆる「猫まんま」と呼ばれるものでした(犬なのに!)。
それからだいぶ時が経って、僕が大人になってから飼い始めた
チュー太郎のごはんは、いわゆる「ドッグフード」といわれるものでした。

それが、駒沢でドッグカフェのお仕事をいただいた時に
初めて犬の為の「手作りごはん」の存在を知りました。
それならお客様に出す前に、まずは自分の家でということになり、
実際に作ったごはんをチュー太郎にあげてみると、
これがまたびっくりするほど喜んでくれたんです(その食べっぷりと言ったら!)。

こうして手作りごはんの魅力にはまった僕は、
この喜びを少しでもみなさんと分かち合いたいと思い、
運営するレストラン「tsukiji kitchen」のコックさんたちと協力して、
2008年に犬のごはん屋さん「kuma kitchen」をつくり、
さらに今回、「おいしくって、安全」なごはんの本を書くことにしました。

現在、「犬の食事」についてはさまざまな意見があって、
手作りにしてもドッグフードにしても、賛否両論、たくさんの情報があふれています。
そんな中で僕が声を大にして言いたいこと、それは……
「無理をせずに、楽しんで犬と暮らそう!」ということ。
犬はとっても頭がよくって、飼い主さんのほんの少しの変化も見逃さないのです。
(たまに例外もいるけど!)

毎日じゃなくてもいいし、気が向いた時だけでも大丈夫。
楽しく犬たちと過ごす為に、たまには心をこめてごはんを作ってあげてみてください。
きっと、いや、必ず喜んでくれますよ!

大瀧知広 (kuma kitchen オーナー)

Contents

はじめに ………………………………………… 2
犬ごはんを作り始める前に ……………………… 6

Deli Style
いつものごはん ………………………………………… 8

ハンバーグ …… 8
豆腐とひじきのチキンハンバーグ …… 10
ジャーマンポテト …… 11
サーモンのホイル包み焼き …… 12
ピラフ風チキンご飯 …… 14
鮭と小松菜のチャーハン …… 16
しらすとかぶのチャーハン …… 17
さつまいものポタージュ …… 18
かぼちゃのポタージュ …… 18

ガスパチョ …… 19
ミネストローネ …… 19
鶏肉と野菜のコロコロマリネ …… 20
山芋ときのこの温製マリネ …… 21
にんじんとごまのナムル …… 22
小松菜のごまあえ …… 22
きんぴら …… 23
筑前煮 …… 23

おべんとうを持って、犬とお出かけを ………………… 24
ベーグル …… 26

Soup Stock
スープストックでカンタン本格おかず ………………… 28

ロールキャベツ …… 29, 30
★基本のチキンブイヨン …… 31
チキンと根菜のポトフ …… 32
チキンのカチャトラ煮 …… 33
★基本のトマトソース …… 34
フジッリ　ボロネーゼソース …… 35
タラと野菜のトマト煮 …… 36
チキンと彩り野菜のリゾット …… 37

★ベシャメルソース …… 38
チキンクリームシチュー …… 39
かぼちゃのニョッキ　彩り野菜のクリームソース …… 40
きのこのクリームペンネ …… 41
★和風だし …… 42
和風ハンバーグ …… 43
ゴーヤチャンプルー …… 44
炊き込みご飯 …… 45

kuma kitchenの一日 ……………………………… 46

犬のこと ・・・・・・・・・・・・・・・・・・・・・・・・・・・・・・・・・・・ 50

Specialities
ちょっと特別な日に ・・・・・・・・・・・・・・・・・・・・・・・・・ 52

豚ヒレ肉のミラノ風カツレツ ・・・・・・ 52
サーモンのふわふわテリーヌ ・・・・・・ 54
メカジキのハーブパン粉焼き ・・・・・・ 56
ステーキ ・・・・・・ 57
豆腐のミートローフ ・・・・・・ 58
トマトのファルシ ・・・・・・ 60

クスクスのサラダ仕立て ・・・・・・ 61
まぐろとアボカドのタルタル ・・・・・・ 62
生春巻き ・・・・・・ 63
チキンパテ ・・・・・・ 64
ポークリエット ・・・・・・ 65

犬たちと仲間たちとスペシャルな時間を ・・・・・・・・・・・・・・・・・・・・ 66

Sweets
とびきりのおやつ ・・・・・・・・・・・・・・・・・・・・・・・ 68

ヨーグルトのマフィン ・・・・・・ 68, 70
お麩のフレンチトースト ・・・・・・ 69, 71
さつまいもとりんごのモンブラン ・・・・・・ 72
豆乳クレープ ・・・・・・ 73
おからとキャロブのブラウニー ・・・・・・ 74
かぼちゃプリン ・・・・・・ 75
ヨーグルト入り蒸しパン ・・・・・・ 76, 78
米粉とおからのパウンドケーキ ・・・・・・ 77, 79
バナナシフォンケーキ ・・・・・・ 80

スイートポテト ・・・・・・ 81
じゃがいものガレット ・・・・・・ 82
じゃがいものおやき ・・・・・・ 83

Treats トリーツ ・・・・・・ 84
●さつまいものボーロ　●オートミールクッキー
●おせんべい　●まぐろジャーキー
●ささみジャーキー　●じゃがいものプリッツェル

犬たちと過ごすおうちカフェ ・・・・・・・・・・・・・・・・・・・・・・・ 88

手作りごはんについて思うこと ・・・・・・・・・・・・・・・・・・・・・・・ 90
おわりに ・・ 94

犬ごはんを作り始める前に

◆給与量とカロリー

僕たち人間は、自分の意志で体調を管理することができます。例えば、「しばらくお肉ばかりだったから今日はお魚にしよう!」とか「あまり食欲がないから、さっぱりしたものを食べたい」とか「寒くて体が冷えるからあったまるものにしよう」など。
だけど、犬たちは自分でごはんを選ぶことはできません(体調が悪い時に、本能でごはんを抜いたり、純粋なわがまま(笑)から食べない時はありますが)。
だから、代わりに飼い主さんが自分の犬に適した摂取カロリーを把握して、栄養管理をしてあげなくてはなりません。個体差があるものなので、数字ばかりにとらわれず、毛づや、体重、状態など毎日の犬の様子をみながら、できる範囲、無理のない範囲でやっていきましょう。
kuma kitchenでは、P.93 でご紹介している計算式を基本にして摂取カロリーの目安を算出しています。簡単にできるので、ぜひ活用してみてください!

◆レシピ中の分量について

掲載されているレシピの量はどれも作りやすい分量で算出しています。特に小型犬は余る場合もありますが、その時は次回の食事にまわしたり、小分けにしてラップで包み冷凍・冷蔵保存するのがおすすめです。ただし、賞味期限には十分ご注意ください。

* レシピ中の「少々」は1~2gをさしています。愛犬のサイズなどに合わせて調整してください。
* できあがり量は取り分けの為の目安で、必ずその量でできるわけではないのでご注意ください。

◆盛りつけ

この本は、飼い主さんたちのオフ会やパーティー用の料理としても役立ててもらいたく、盛りつけの一例になるような写真を掲載しています。写真では切り分けずに盛りつけているものもありますが、実際に食べる時は愛犬が口にしやすいように小さく切ったりよく混ぜたりしてください。また、ハーブを添えている写真も多くありますが、犬によっては特定のハーブを食べ過ぎると体調を崩す場合があります。愛犬の体調をみながら調整してください(ハーブについてはP.91もご参照ください)。

◆飼い主さん用のアレンジについて

毎日新鮮な、お肉・お魚・お野菜で調理したものを美味しい状態で家族の一員の犬にも!
kuma kitchenのそもそものスタンスは、"自分たちが食べているものを犬たちと一緒に食べたい"という思いから始まっています。
だからこの本で紹介しているレシピは、「犬のためだけ」ではありません。人間がおいしく食べるメニューから犬に必要がない調味料を抜いたレシピをご紹介しています。
つまり、掲載されているレシピに調味料などを足して味付けをすれば、とっても美味しい飼い主さん用のお料理が完成しちゃいます。
いつもより多く作って、犬たちと一緒のメニュー。
食べる時の犬たちのうれしそうな顔を見たら、きっとまた作りたくなります。

◆道具について

おうちでごはんを作る上で、かかせないのが道具。
今回のレシピは一般的に家庭でもよく使うもので作ってはいますが、
「これがあるとますます便利！」という道具を以下にご紹介します。

デジタルスケール
少量作る時はこれがあると絶対に便利。我が家ではml/gボタンつきで、0.1g単位が細かく計れるものを使っています。お菓子作りなどでも大活躍ですよ。

テフロン加工のフライパン
焼く、炒める、さらにはちょっとした煮込みだってできちゃうし、余分な油がいらないのでヘルシーに仕上がります。

小鍋
小型犬のごはんはミルクパンのような小鍋だと、ちょうどよい量を作れます。

スープストック用の製氷トレー型
我が家では、この本で紹介しているの基本のスープを多めに作り、ふた付きの製氷トレーで凍らせて、ブロックにして保存用パック（袋タイプ）にストックしています。あとは使う分だけ溶かせばいいから使い勝手バツグン！トレーのタイプにも種類がいろいろあるので、1個あたりどれくらいの量か計っておきましょう。

フードチョッパー
我が家でとても重宝している道具のひとつ。アメリカの調理器具メーカー・OXO（オクソー）の大きめのタイプを愛用しています。犬用ごはんは消化がよくなるようにみじん切りにする場合が多いので、これがあれば粗くしたり、細かくしたりと調整も自在にでき、そのつどの確認もスムーズです。

最近は、お手入れが簡単で使いやすく、しかも形や色使いがとてもキュートな道具がたくさんあります。その中で、自分の好きな道具を選んで料理するとまた一段と楽しさが増すと思います。料理は、楽しく笑顔で……ね！

いつものごはん
Deli Style

「肩ひじ張らずに、気軽に作ろう！」がkuma kitchenのキーワード。
家族の一員に、かるく取り分けるつもりで楽しく料理してください。
なれてきたら、好みの食材を使ったり盛りつけをアレンジしたりもOK。
味付けを変えれば飼い主さんも一緒にヘルシー料理が味わえますよ。

ハンバーグ

キャベツの豊富なビタミンで
お肉料理に栄養バランスをフォロー

Ingredients 材料

できあがり量　170g

A	鶏ももひき肉	50g
	合いびき肉	50g
B	パン粉	25g
	豆乳	25ml
	うずらの卵	1個
	キャベツ	20g

How to Cook つくりかた

1. ボウルに**A**の材料を入れ、よくこねる。別のボウルに**B**の材料を入れ、よく混ぜパン粉をふやかす。**A**のボウルに**B**を加えてさらによく混ぜ、小判型に成形する。

2. フライパンを中火にかけて【1】を焼く。焼き色がついたら裏返し、火を弱めて火が通るまでよく焼く。

156 kcal / 100g

豆腐とひじきのチキンハンバーグ
魚のすり身と相性の良い食材でヘルシーな一品に！

103 kcal/100g

Ingredients 材料

できあがり量　210g

ひじき（乾燥）	2g
木綿豆腐	70g
鶏ひき肉	70g
魚のすり身＊	70g
絹さや	適量

＊スズキやタイなどの白身魚をすり鉢ですったものを使ってもよい

How to Cook つくりかた

1. ひじきは水でもどして細かく刻み、豆腐、鶏ひき肉、魚のすり身とともによく混ぜる。食べやすい大きさに分けて円形に成形する。
2. フライパンを中火にかけ【1】を焼き、焼き色がついたら裏返し、火を弱めさらに火が通るまでよく焼く。器に盛りつけ、下ゆでし千切りにした絹さやを添える。

ジャーマンポテト
じゃがいも料理の王道に、犬たちも大喜び!

192 kcal/100g

Ingredients 材料

できあがり量　180g

- じゃがいも …………… 125g
- 豚ロース肉 …………… 50g
- バジルの葉（ドライ）…… 少々
- オリーブ油 …………… 少々
- 粉チーズ ……………… 少々

How to Cook つくりかた

1. じゃがいもは皮つきのままゆで、柔らかくなったら皮をむいて1cm角に切る。豚肉も同じ大きさにそろえて切る。
2. フライパンにオリーブ油を入れ中火にかける。豚肉をサッと炒め、じゃがいもを入れて、さらに炒める。
3. じゃがいもに焼き色がついたらバジルの葉（ドライ）をふって全体に絡める。器に盛りつけ、チーズをふりかける。

サーモンのホイル包み焼き

ホイルに包んで焼くことで、
おいしさ、栄養素をのがさず食べられる！

Ingredients 材料

できあがり量　150g	
ほうれん草（小松菜でも）………………	20g
しめじ、しいたけ…………………………	各15g
生鮭（皮なし）……………………………	100g
無塩バター………………………………	7g

How to Cook つくりかた

1. ほうれん草は下ゆでして水気をきり、長さ2〜3cmに切る。きのこはみじん切りにする。
2. アルミホイルを約20×20cmに切って広げ、ほうれん草、鮭、きのこ、バターの順にのせ、端をしっかりとじる。
3. フライパンに高さ約1cmになるまで水を注いで火にかける。沸騰したら【2】をそっと置き、弱火にして約10分蒸し焼きにする（写真）。湯が再び沸いたら、ホイルごと取り出して火が通っているか確認し、中身をボウルなどにあけてよく混ぜ合わせる。

129 kcal／100g

ピラフ風チキンご飯

飼い主さんにはケチャップと塩こしょうを加えて……
一緒においしく食べましょう！

164 kcal／100g

Ingredients 材料

できあがり量　150g

鶏むね肉	30g
にんじん	10g
ピーマン、マッシュルーム	各5g
ご飯	100g
無塩バター	5g

How to Cook つくりかた

1. 鶏肉は1cm角に切り、にんじん、ピーマン、マッシュルームはみじん切りにする。
2. フライパンを中火にかけて熱し、[1]を入れて炒める。全体に火が通ったら、ご飯とバターを加えてよく炒める。

147 kcal/100g

鮭と小松菜のチャーハン

ビタミンAだけじゃない！ 小松菜はカルシウムも豊富な健康お野菜

Ingredients 材料

できあがり量　120g

- 小松菜 ……………… 10g
- 生鮭 ………………… 20g
- 溶き卵 ……………… 10g
- ご飯 ………………… 80g
- ごま油 ……………… 少々

How to Cook つくりかた

1. 小松菜はみじん切りにする。フライパンを中火にかけ、鮭を入れて身をほぐしながら炒め、さらに小松菜を入れて火が通るまで炒める。
2. 溶き卵とご飯を加えて、全体がパラリとするまでよく炒め、ごま油を加えてサッと混ぜ炒める。

130 kcal/100g

しらすとカブのチャーハン

かぶの葉は青菜類と変わらないビタミンの宝庫、ぜひ捨てずに使いましょう!

Ingredients 材料

できあがり量　120g

しらす	15g
かぶ	20g
かぶの葉	10g
すり白ごま	5g
ご飯	80g
ごま油	少々

How to Cook　つくりかた

1. しらすは熱湯でかるくゆでて塩気をぬき、ざるにあげキッチンペーパーなどで水気をきる。かぶとかぶの葉は粗みじん切りにする。

2. フライパンを中火にかけ、【1】とすり白ごまを入れて炒め、ごまの香りがたってきたら、ご飯を加えて混ぜながら炒める。全体がパラリとしたらごま油を加えてかるく混ぜ炒める。

さつまいものポタージュ

アレンジ簡単！ ご飯を入れればリゾット風にも

Ingredients 材料

でき上がり量 330g

さつまいも	130g
豆乳	80ml
チャービル	適量

How to Cook つくりかた

1. さつまいもは皮をむき、厚さ約1.5cm幅のスライスにする。鍋に水120mlとさつまいもを入れて強火にかけ沸騰したら弱火にし、竹串が通るくらい柔らかくなるまで煮る。

2. 煮汁ごとミキサーに入れてピューレ状になるまで回す。鍋に戻して豆乳を加え、こげつかないようによく混ぜながら中火にかけ、温める。冷めたら器に盛り、チャービルをのせる。

かぼちゃのポタージュ

かぼちゃのほっこりとした自然な甘さは格別！

Ingredients 材料

でき上がり量 340g

かぼちゃ	90g
じゃがいも	40g
豆乳	80ml
イタリアンパセリ	適量

How to Cook つくりかた

1. かぼちゃ、じゃがいもは皮をむき、厚さ約1.5cm幅のスライスにする。鍋に水130ml、かぼちゃ、じゃがいもを入れて強火にかけ、沸騰したら弱火にし、竹串が通るくらい柔らかくなるまでゆでる。

2. 煮汁ごとミキサーに入れピューレ状になるまでよく回す。鍋に戻し入れ、豆乳を加え、こげつかないようによく混ぜながら中火にかけ、温める。冷めたら器に盛り、みじん切りにしたイタリアンパセリをふる。

ガスパチョ

野菜たっぷりの涼やかな一品です

Ingredients 材料

できあがり量　217g

トマト	90g
きゅうり、パプリカ(赤)	各15g
ピーマン	10g
バケット	7g
イタリアンパセリ	適量

How to Cook　つくりかた

1. トマトは湯むきする。すべての材料をざく切りにし、水80mlとともにミキサーに入れスープ状になるまでよく回す。味見をして濃い場合は水適量を加えて調整し、器に盛りつけてみじん切りしたイタリアンパセリをふる。

22 kcal/100g

ミネストローネ

食欲がない時でもOKのさっぱりスープ

Ingredients 材料

できあがり量　160g

豚ロース薄切り肉	10g
かぶ、にんじん	各10g
トマト、キャベツ	各5g
にんにく	少々
オリーブ油	少々
トマトピューレ	50g
粉チーズ	適量
イタリアンパセリ	適量

How to Cook　つくりかた

1. 豚肉、野菜は1cm角に切る。にんにく、イタリアンパセリはみじん切りにする。
2. 鍋にオリーブ油とにんにくを入れ中火にかけて、豚肉をサッと炒める。野菜を加え、しんなりするまでさらに炒める。
3. トマトピューレと水70mlを加え、沸騰したらあくをとり弱火にして5分ほど煮込む。粗熱が取れたら器に盛りつけ、粉チーズとみじん切りしたイタリアンパセリをふる。

28 kcal/100g

鶏肉と野菜のコロコロマリネ
見た目も楽しく元気になれる野菜の宝石箱

78 kcal/100g

Ingredients　材料

できあがり量　130g

- かぶ ······················ 20g
- にんじん ··················· 20g
- ズッキーニ ·················· 20g
- 大根 ······················ 20g
- パプリカ(黄) ················ 20g
- 鶏むね肉 ··················· 20g
- りんご酢 ··················· 小さじ1
- オリーブ油 ·················· 小さじ1

How to Cook　つくりかた

1. 鶏肉と野菜は1cm角に切って下ゆでし、水気をきる。りんご酢とオリーブ油を合わせて加え、よく混ぜる。

山芋ときのこの温製マリネ

良質な酵素たっぷりの山芋を積極活用！

76 kcal/100g

Ingredients 材料

できあがり量　220g

山芋	150g
しいたけ、エリンギ、まいたけ、しめじ	各15g
オリーブ油	小さじ1
にんにく(みじん切り)	少々
赤ワインビネガー	小さじ1/2
水菜	適量

How to Cook つくりかた

1. 山芋は皮をむき1cm角に切る。きのこは粗みじん切りにする。
2. フライパンにオリーブ油を入れ中火にかけて、にんにく、山芋、きのこを順に入れ焼き色がつくまでよく炒める。さらに、赤ワインビネガーを入れてサッと炒める。器に盛りつけ、ざく切りした水菜をちらす。

にんじんとごまのナムル
さっと作れるおつまみ感覚のお料理

小松菜のごまあえ
野菜不足解消にプラスワンの一品

Ingredients　材料

できあがり量　35g

にんじん	30g
黒すりごま	小さじ1
ごま油	少々

How to Cook　つくりかた

1. にんじんを千切りにし、黒すりごまと合わせギュッギュッと手でもむようにして混ぜる（写真）。ごま油を加えさらに同様にもむように混ぜる。

197 kcal／100g

Ingredients　材料

できあがり量　155g

小松菜	150g
白すりごま	小さじ1
三温糖	少々

How to Cook　つくりかた

1. 小松菜は根を切り、土などの汚れを良く洗い落とす。沸騰したお湯でサッとゆで氷水にひたす。冷めたらよく絞り、約5mm幅に切る。
2. 白すりごま、三温糖をボウルで合わせ、小松菜を加えて混ぜる。

35 kcal／100g

きんぴら
食物繊維たっぷりのごぼうでおなかもスッキリ！

筑前煮
心がほっこりする和の定番おかずを味わって

Ingredients 材料

できあがり量　220g

ごぼう、にんじん	各100g
ごま油	小さじ1
白すりごま	小さじ2
てんさい糖	小さじ1/2

How to Cook つくりかた

1. ごぼうは包丁の背で皮をかるくそぎ、長さ3cm、幅2mmくらいの棒状にカットし水にさらしてあくを取る。にんじんも同様に切る。
2. フライパンにごま油を入れ中火にかけ、ごぼうを炒める。油がまわったらにんじんを加えてさらに炒め、てんさい糖、白すりごまを加えてサッと混ぜ炒める。

103 kcal/100g

Ingredients 材料

できあがり量　300g

鶏もも肉	120g
れんこん、にんじん	各75g
いんげん	少々
オリーブ油	少々
和風だし(P.42)	30ml
てんさい糖	少々

How to Cook つくりかた

1. 鶏肉、野菜は1cm角に切る。鍋にオリーブ油を入れ中火にかけ、鶏肉とれんこん、にんじんをかるく炒める。
2. 和風だしと水120mlを加える。沸騰したらあくを取り弱火にして煮込む。柔らかくなったらてんさい糖と下ゆでしたいんげんを加えてさらに2分ほど煮込む。

113 kcal/100g

おべんとうを持って、犬とお出かけを

気持ちのいいお天気の日は、犬と一緒に少し遠くへ出かけてみては？
いつもの散歩道からちょっと足をのばして寄り道すれば、
見たことのない景色や新しいお店に出会えるかもしれません。
そんなちょっとした冒険気分のしめくくりに
欠かせないのが外で食べる手作りのおべんとう。
青い空の下、たくさん歩いた後で食べるごはんの味は、本当にシアワセ！
犬たちもきっと同じ気分になってくれているはずですよね。
さぁ、おべんとう持って、お出かけしましょ。

1　2　3　4　5

1 豆腐マヨネーズ
かるく水きりした絹ごし豆腐100gと、レモン汁、米酢、はちみつ各小さじ1をミキサーに入れて滑らかになるまで回す。

2 豆腐クリーム
木綿豆腐130gを耐熱皿におきラップをかけ電子レンジ500Wで2分30秒加熱し、出てきた水は捨てる。麩（小、乾）10個を厚手のビニール袋に入れ瓶や麺棒などでたたいて粗くつぶす。豆腐、麩、てんさい糖8g、はちみつ大さじ1/2をミキサーに入れて滑らかになるまで回す。

3 ドライフルーツクリーム
豆腐クリームに好みの無糖ドライフルーツ（マンゴー、アップル、ブルーベリーなど）適量、レモン汁少々を入れて混ぜる。

4 サーモンクリーム
生鮭100gをグリルなどで焼き、粗熱が完全に取れたら皮を取り除き、身をほぐして豆腐クリームに加え混ぜる。

5 自家製ハム
鶏むね肉1枚は皮を取り除き、ビニール袋に入れる。カスピ海ヨーグルト（無糖）大さじ1、てんさい糖小さじ1を混ぜ加え外からよくもみ、冷蔵庫に1日（できれば2〜3日）入れておく。キッチンペーパーで表面をきれいに拭き取り、空気が入らないようにラップで包み、両端を輪ゴムでしっかり止めて耐熱のビニール袋に入れる。鍋にたっぷりの湯を沸騰させ、袋ごと鶏肉を入れて火をすぐに止め、ふたをしてそのまま約3時間置く。再び表面を拭き取ってラップで包み、冷蔵庫に2〜3時間入れる。

ベーグル

パウダーを加えればカラフルなバリエーションもお手軽に！

552kcal

Ingredients 材料

(4～6個分)

ドライイースト	1.5g
強力粉	150g
オリーブ油	小さじ1
卵黄	少々

Variation バリエーション

■キャロブ　■トマト
■よもぎ　■むらさきいも

それぞれのパウダーを4g用意し、強力粉といっしょに加える。焼く時、焼き色が早くつくようなら、180℃に温度を下げ、焼き時間を調節する。

How to Cook つくりかた

■ 下準備
オーブンは生地を焼く前に200℃に予熱しておく。

1. 40℃（人肌程度）のぬるま湯80mlを大きめのボウルに入れ、ドライイーストを加えてよく混ぜる。強力粉、オリーブ油を加えて手でよく混ぜ合わせひとまとまりにする。台に出してツヤが出るまで手のつけ根を使ってよくこねる（写真A）。まるくまとめて元のボウルに戻し（オリーブ油〈分量外〉を薄く塗っておくと取り出す際、スムーズに取り出せる）ラップをかけて、あたたかい場所で約20分おき、生地が1.5倍くらいになるまで発酵させる*1。

2. 台に取り出し、手で全体をおさえガスをぬき、カードで4～6等分に分けてそれぞれをまるめる。生地が乾燥しないようにぬれぶきんをかけ、約20分生地を休ませる（写真B）。

3 生地を約15cmの棒状にのばし、片方の端を手で押して平たくする。もう一方の端をくるむように包み、生地同士をしっかりつなぎとめて円状にする(写真C)。

4 鍋に湯を沸かし*2、【3】の生地をそっと入れて片面を30秒ずつゆでる(写真D)。網じゃくしなどですくって湯をきり、オーブンシートを敷いた天板にのせる。刷毛を使って表面に卵黄をそっと塗る(写真E)。200℃に予熱したオーブンで約15分焼く。

*1 発酵させる際は、春〜秋は室温、冬はあたたかい場所(オーブンの発酵機能やお湯をはったボウルを使って)に入れるなどしてください。

*2 湯はぐらぐら沸騰しているより、その少し手前くらいのほうが焼きあがりが美しくなります。

素材のうまみがつまったスープストックは、手作りごはんの強い味方！
ゆでた野菜と合わせたり、ソースのベースにすれば
パッと手早くごはんが完成するし、おいしさバツグン。
いくつか種類を作って、冷蔵庫や冷凍庫に保存するととても便利です。

基本のスープはいずれも多めの分量のレシピになっています。
製氷トレーで凍らせてからストックして
いろいろな料理に役立ててください。
冷凍したスープは約1ヶ月保存できます。

Soup Stock

スープストックでカンタン本格おかず

Chicken Bouillon
Tomato Sauce
Béchamel Sauce
Japanese Dashi Soup

(チキンブイヨン)
ロールキャベツ

小さくってとってもかわいい煮込み料理の代表格

129 kcal/100g

Ingredients 材料

できあがり量　170g

チキンブイヨンスープ(P.31)	100ml
キャベツ	4枚
砂肝	20g
長いも	20g
豚ひき肉	60g
トマト	適量

How to Cook　つくりかた

1. キャベツは下ゆでし、水気をきる。砂肝と長いもは細かく切って、ボウルに入れる。豚肉を加えてよくこね合わせ、たねを作る。4等分にしてそれぞれをキャベツに包む。

2. 鍋にチキンブイヨンスープと【1】を入れて中火にかけ、沸騰したら弱火で3～5分、火が通るまで煮る。器に盛りつけてざく切りしたトマトを飾る。

かんたんスープストック①

Chicken Bouillon 基本のチキンブイヨン

鶏肉のうまみと香りがギュッと閉じこめられたスープは、犬たちの大好物です。
手作りすることで、市販品にはないやさしい味わいになります。
残ったお肉は、他の料理にもぜひ活用しましょう。

Ingredients 材料

手羽元 ・・・・・・・・・・・・・・・・・・・・・・・・ 300g

How to Cook つくりかた

1. 鍋に手羽元と水1.5ℓを入れて中火にかける。沸いたら、あくを取り弱火で20分煮る。ざるなどでこしてできあがり。

＊手羽元を犬に食べさせる場合は、かならず骨から身をはずしよくほぐして、骨が残っていないか確認してください。鶏の骨は犬ののどなどに刺さる場合がありたいへん危険です。

(チキンブイヨン)

チキンと根菜のポトフ
根菜のおいしさをじっくり味わえるヘルシーなスープ

83 kcal/100g

Ingredients 材料

できあがり量　150g
チキンブイヨンスープ(P.31) ……… 120ml
鶏もも肉 ……………………………… 30g
かぶ、にんじん、かぼちゃ ┐
じゃがいも、さつまいも　┘ ……… 各10g
かぶの葉 ……………………………… 3g

How to Cook つくりかた

1. かぶの葉以外の野菜と鶏もも肉を1cm角に切る。かぶの葉は細かく切る。
2. 鍋にかぶの葉以外の材料とチキンブイヨンスープを入れて中火にかける。沸いたら途中でアクを取りカブの葉を入れ弱火で約5分、火が通るまで煮込む。

(チキンブイヨン)(トマトソース)
チキンのカチャトラ煮

カチャトラとは猟師風という意味。犬たちも好きそうなネーミング!?

88 kcal/100g

Ingredients 材料

できあがり量　175g

チキンブイヨンスープ(P.31)	20ml
トマトソース(P.34)	80ml
鶏もも肉	60g
にんじん	20g
セロリ	10g
オリーブ油	小さじ1
しょうがすりおろし	少々

How to Cook　つくりかた

1. 鶏肉は、1cm角に切る。にんじん、セロリはみじん切りにする。

2. 鍋にオリーブ油を入れ弱火にかけて、にんじん、セロリを入れてよく炒める。鶏肉、チキンブイヨンとトマトソース、しょうがを加え、鶏肉が柔らかくなるまでさらに煮込む。

> かんたんスープストック②

Tomato Sauce　基本のトマトソース

トマトは体に不必要な活性酸素を退治してくれるリコピンを豊富に含んでいるので、
ソースとしてこまめに取り入れたい食材です。
また、カロチンやビタミンC、ビタミンEも含まれています。

Ingredients　材料

ホールトマト(缶詰)　……………　400g

How to Cook　つくりかた

1. ホールトマトをミキサーにかけよく回し、こし器などで裏ごして種や皮を取り除く。
2. 鍋に移し、中火にかけてグツグツと沸き始めたら弱火にする。こげつかないように混ぜながら約20分煮る。

(トマトソース)

フジッリ　ボロネーゼソース

我が家のチュー太郎、クマ太郎もこのパスタがとってもお気に入り

164 kcal／100g

Ingredients　材料

できあがり量　180g

- トマトソース(P.34) ･･････････････ 40ml
- にんじん ･･････････････････････ 10g
- セロリ ････････････････････････ 10g
- 牛ひき肉 ･･････････････････････ 50g
- フジッリ ･･････････････････････ 40g
- オリーブ油 ････････････････････ 少々

How to Cook　つくりかた

1. にんじん、セロリはみじん切りにする。フジッリはゆでて水気をきり、犬のサイズに合わせて食べやすい大きさに切る。
2. 鍋にオリーブ油を入れ中火にかけ、にんじん、セロリ、牛肉を入れ、牛肉に焼き色がつくまで炒める。トマトソースと水30mlを加え、グツグツと沸き始めたら弱火にし約20分煮る。フジッリを加えよく絡める。

(トマトソース)
タラと野菜のトマト煮
トマトの酸味がおいしさの決め手。タラとの相性もバツグン！

34 kcal/100g

Ingredients 材料

できあがり量　245g	
トマトソース(P.34)	100ml
タラ	60g
大根、にんじん、かぶ	各20g
かぶの葉	5g

How to Cook つくりかた

1. タラ、大根、にんじん、かぶは1cm角に切り、かぶの葉は細かく切る。
2. 鍋にかぶの葉以外の材料を入れてトマトソースと水20mlを入れる（濃度をみて濃すぎるようなら水を少し足す）。中火にかけて沸騰したらあくを取り、かぶの葉を入れ弱火にし、3～5分、火が通るまで煮込む。

(トマトソース)(チキンブイヨン)
チキンと彩り野菜のリゾット
トマトソースとブイヨンのダブル使いで奥深い味わいに

102 kcal/100g

Ingredients 材料

できあがり量　230g

トマトソース(P.34)	70ml
チキンブイヨンスープ(P.31)	30ml
鶏むね肉	30g
ズッキーニ	10g
パプリカ(黄)、なす、ピーマン	各5g
オリーブ油	小さじ1
ご飯	70g
豆乳カッテージチーズ(P.73)	5g

How to Cook　つくりかた

1. 鶏肉、野菜はすべて1cm角に切る。
2. 鍋にオリーブ油を入れて中火にかけ、鶏肉をサッと炒める。野菜をすべて加え、しんなりするまでさらに炒める。
3. 【2】にトマトソース、チキンブイヨンスープ、ご飯を入れてよく混ぜながら2〜3分煮る。火を止め、カッテージチーズをかるく混ぜ合わせる。

かんたんスープストック③

Béchamel Sauce　ベシャメルソース

加熱した牛乳を使っているのでお腹にもやさしく、
また豆乳も使っているので、とてもヘルシー。
そのまろやかな舌ざわりには、犬も人間もうっとりです。

Ingredients　材料

牛乳、豆乳 ……………………… 各200ml
オリーブ油 ……………………… 20ml
薄力粉 …………………………… 20g

How to Cook　つくりかた

1. 牛乳と豆乳を人肌程度に温めておく。
2. 鍋にオリーブ油とふるった薄力粉を入れ、弱火にかけながら手早く混ぜ合わせる。
3. 【2】に【1】を少しずつ加え、そのつどだまにならないように木べらなどで混ぜる。【1】をすべて加え、ひと煮立ちさせたら火からおろす。

（ベシャメルソース）

チキンクリームシチュー

クマキチの定番メニュー！　みんな大好きです！

151 kcal/100g

Ingredients　材料

できあがり量　220g

ベシャメルソース(P.38)	100ml
鶏もも肉	60g
にんじん、じゃがいも	各15g
ブロッコリー	10g
豆乳	大さじ1
オリーブ油	小さじ1

How to Cook　つくりかた

1. 鶏肉、野菜を1cm角に切る。
2. 鍋にオリーブ油を入れて中火にかけ、鶏肉、にんじん、じゃがいもを炒める。ベシャメルソースと豆乳を加えて、火が通るまで煮込む。
3. ブロッコリーを加え、さらに1〜2分煮る。

(ベシャメルソース)

かぼちゃのニョッキ　彩り野菜のクリームソース

もちもちした食感が楽しい、イタリアの伝統料理

Ingredients 材料

できあがり量　140g
ベシャメルソース(P.38) ・・・・ 70ml
かぼちゃ(正味) ・・・・・・・・・ 50g
ピーマン、パプリカ(赤、黄) ・・・・ 各10g
薄力粉 ・・・・・・・・・・・・ 10g
イタリアンパセリ ・・・・・・・ 適量

How to Cook つくりかた

1. かぼちゃは皮をむき、柔らかくなるまで下ゆでし、フォークなどでよくつぶす。ピーマン、パプリカを1cm角に切る。
2. ボウルにつぶしたかぼちゃと薄力粉を入れてよく混ぜ、絞り袋に入れる。
3. 鍋にたっぷりのお湯を沸かす。お湯の上で絞り袋を絞り、生地が2cmくらいの長さになるようキッチンばさみで切りながら落としてゆでる(写真)。お湯の中から生地が浮き上がってきたら、ざるに取り出し水気をきる。
4. フライパンにベシャメルソース、ピーマン、パプリカ、【3】の生地を入れて中火にかけ、全体をよくからめる。ひと煮立ちしたら火からおろす。器に盛り、みじん切りにしたイタリアンパセリをふる。

117 kcal/100g

186 kcal／100g

（ベシャメルソース）
きのこのクリームペンネ
ペンネに絡むベシャメルソースが絶妙！

Ingredients 材料

できあがり量	130g
ベシャメルソース(P.38)	40ml
しいたけ、エリンギ、えのきだけ、しめじ	各5g
ペンネ	50g
豆乳	20ml
イタリアンパセリ	適量

How to Cook つくりかた

1. きのこは粗みじん切りにする。ペンネはゆでて水気をきり、犬のサイズに合わせて食べやすい大きさに切る。
2. 鍋にベシャメルソース、きのこ、豆乳を入れ中火にかけ、きのこに火を通す。ペンネを加えて全体を絡め、ひと煮立ちさせる。器に盛り、みじん切りにしたイタリアンパセリをふる。

かんたんスープストック ④

Japanese Dashi Soup　和風だし

これぞ日本の味という和風だしは、人用に調理する時もとても重宝します。
ほんのりと上品な香りが食欲をそそりますよ。

(基本のだし)

Ingredients　材料

昆布‥‥‥‥‥‥‥‥‥‥‥2g
かつお節‥‥‥‥‥‥‥‥‥5g

How to Cook　つくりかた

1. 鍋に表面をかるくふいた昆布と水250mlを入れて中火にかけ、沸騰する直前に昆布を取り出し、かつお節を加える。
2. かつお節が沈み、再び浮いてきたら火を止める。ボウルの上にざる、キッチンペーパーをセットし、かつお節をこす。

(しいたけだし)

干ししいたけ20gに水200mlを合わせ一晩置く。

＊もどしたしいたけも細かく切ってストックしておくと便利です。

和風ハンバーグ （和風だし）

大根は優れた消化酵素を多く含み、肉料理にぜひ取り入れたい！

192 kcal／100g

Ingredients 材料

できあがり量　240g

和風だし(P.42)	60ml
牛ひき肉	150g
くず粉	少量(約1g)
大根おろし	30g
大葉	1枚

How to Cook つくりかた

1. ボウルに牛肉を入れてよく練り、4～5等分の小判型に成形する。
2. フライパンを中火にかけて【1】を焼き、焼き色がついたら裏返し、弱火にして火が通るまでよく焼き、皿に盛りつける。
3. 和風だしを小鍋で温め、くず粉1：水3の割合で溶いた水溶きくず粉を加え、とろみをつけてあんかけソースを作る。【2】にかけ大根おろしと千切りにした大葉をのせる。

＊【2】で使ったフライパンであんかけソースを作ってもOK。肉のうまみが加わり、より味わい深くなります。

(和風だし)
ゴーヤチャンプルー

意外かもしれませんが、ゴーヤ好きの犬、多いんです（クマキチ調べ・笑）

56 kcal／100g

Ingredients 材料

できあがり量	185g
和風だし(P.42)	15ml
ゴーヤ	60g
木綿豆腐	40g
豚ロース薄切り肉	40g
溶き卵	30g

How to Cook つくりかた

1. ゴーヤは縦半分に切って種やワタを取り出し、さらに縦半分にし、5mm幅に切る。豆腐は水きりする。豚肉は脂身を取ってそれぞれ1cm角に切る。
2. フライパンを中火にかけて熱し、豚肉を炒め、さらにゴーヤを加える。ゴーヤが少ししんなりしたら卵を回し入れて混ぜ炒め、豆腐を加えさらに炒める。
3. 和風だしを回しかけ、水分がなくなるまで炒める。

(和風だし)
炊き込みご飯
1食分ずつラップに包んで冷凍保存！ いざという時に大重宝

120 kcal／100g

Ingredients 材料

できあがり量	200g
和風だし(P.42)	90ml
鶏むね肉	20g
にんじん	20g
しいたけ	10g
ごぼう	5g
こんにゃく	5g
米	50g
絹さや	適量

How to Cook つくりかた

1. 米、絹さや以外の材料を粗みじん切りにする。米は洗ってざるに上げ、水気をきる。
2. 鍋に和風だしを入れて中火にかけ、鶏肉、野菜を加えてひと煮立ちさせる。米を加え混ぜ、沸騰したら弱火にし、ふたをして約20分煮る。火を止めて、そのまま約15分蒸らす。
3. 器に盛りつけ、下ゆでして千切りにした絹さやをのせる。

＊量を多めに作る場合は炊飯器で炊くのがおすすめです。

A day at kuma kitchen.

kuma kitchenの一日

ある日曜日のお昼前、開店作業を終えて事務所で一息ついていると、
聞き覚えのあるうれしい音が聞こえてくる。
「カリカリカリ、ドン、カリカリカリ」
事務所のドアを少しだけ開けてそっと店のガラスのドアをのぞいてみると、
ドアの向こう側から必死にひっかいて入ろうとしているUNOが見える。

クマキチがオープンして以来、ほぼ毎日のように来てくれる一番の常連さまは、
散歩の途中にお店の前で必ず立ち止まり、恒例の「ノック」をしてくれる。
お店に入ったUNOはクマキチのオリジナルクッキー・クマッキーを試食して、
大好きな煮干しのクマッキーを買ってもらったのを確認してからまた散歩に戻っていく。

ある土曜日の夜は、ボニー母さんと3匹の子供たち(ジュレ、ラッテ、チュチュ)がやってくる。
互いに仕事をしながら、こんなにも幸せそうな4匹を育てているご夫婦には、
「犬と暮らす」ということを教えてもらった気がする。
また、開店当初は元気だったけど、最後はほぼ寝たきりで、
それでもカートに乗って大好きなクマイモを買いに来てくれた
モモとその飼い主さんには、「犬とのかかわり方」を教えてもらった。

入ってくる時は超ご機嫌なのに最後まで帰りたがらない最高のリアクションをしてくれるジュリー。
クマッキーでもかぼちゃ以外はかたくなに食べないこだわり派のウィル……
名前を挙げたらきりが無いけど、クマキチに来てくれるたくさんの犬たちに共通しているのは、
「家族の一員として本当に大事にされている」ということ。
そんな犬たちと飼い主さんたちを見ていると、あらためてkuma kitchenをやってよかったと思う。

だから、もっとたくさんの犬たちと飼い主さんたちの喜んでくれる顔が見たいから、
今日もおいしいクマッキーをたくさん焼くのだ!

47

WE ♥ D

Dogs are our family, forever.

犬のこと

僕が犬と一緒の生活を始めたのは小学校4年生の時。
実家がそろばん塾を営んでいて、塾に来る子供達が餌付けした、
いわゆる「野良犬」を飼い始めたのがきっかけだった。
「ジョリー」と名づけたその犬は、何歳なのかもわからなかったし、
それほど懐くこともなかったけれども（そもそも外飼いだったしね）、
子供心に「犬はかわいい」って思っていた記憶が残っている。
散歩に行ったり、ご飯をあげたりといった犬の世話はとても楽しかったから、
1年くらいでジョリーが亡くなってしまった時はすごく悲しかった。

そんな僕を見て心配した母が、たまたま近所で生まれた仔犬をもらってきたのが「ゴロー」だった。
ゴローはすごく懐いたし、僕もとっても可愛がった。
けれども、中学、高校と成長するにつれて友達と遊ぶ方が楽しくなり、
散歩に行くのもごはんをあげるのも、家族まかせにすることが多くなってしまった。
それでも、朝学校に行く時ゴローは尻尾を振って見送ってくれたし、
帰ってくると時間に関係なく飛びついて迎えてくれた。
大学に入るとほとんど家に帰ることがなくなったけれど、
だからこそたまに家にいる時は目いっぱい一緒にいたし
ゴローも勝手な僕のことを許して喜んでくれていた（と、思いたい）。
そんなゴローとの関係だったから、亡くなったときは本当に悲しくて
3日間家から出ることができなかった。

How wonderful life is while DOGS are

だけど考えてみれば、
そんなジョリーやゴローとの生活があったからこそ
kuma kitchenが誕生したのだと思う。

そして今、僕の家には14歳のチュー太郎と7歳のクマ太郎という2匹の犬がいる。
目覚ましが鳴った瞬間に寝室のドアをまるで何かに憑かれたかのようにひっかき続け、
寝ぼけ眼で部屋から出て行くと狂喜乱舞してとびまわるクマ太郎。
朝食を作っていると何かをもらえるまでは絶対にキッチンから出て行かないチュー太郎。
全くタイプの違う2匹が僕の人生に心地よいリズムを与えてくれる。

朝、家族全員で散歩に出かけ、自分たちと彼らのために朝食を作る。
夜、仕事から帰ると全身を使って喜びを表してくれる彼らと散歩に行き、夕食を作る。
食事を終えて満足そうに寝床でまどろむ2匹を見ていると、
なんとも言えないあったかい気持ちが胸の中に広がって、とても幸せな気分になる。

やっぱり、犬って、素晴らしい！

in the world !

ちょっと特別な日に
Specialities

愛犬のお誕生日やお散歩仲間との食事会、犬との暮らしはイベントがいっぱい。
そんなスペシャルな時におすすめなのが、この章でご紹介するメニューたちです。
ちょっぴり手間ひまをかけて、そしてもちろん愛情もたっぷりこめて。
きっと犬たちもとびきりのスマイルで食べてくれるはずです!

豚ヒレ肉のミラノ風カツレツ

本当は揚げたてをあげたいけど、
十分に冷ましてあげましょう

118 kcal／100g

Ingredients 材料

できあがり量	180g
豚ヒレ肉	150g
溶き卵、薄力粉、パン粉	各適量
粉チーズ*	5g
オリーブ油	少々
イタリアンパセリ	適量

＊カッテージチーズでもOK

How to Cook　つくりかた

1. 豚肉を4等分に切りラップではさみ、肉たたきで薄くのばす（写真）。粉チーズをふり薄力粉、溶き卵、パン粉の順につける。

2. フライパンを弱火にかけてオリーブ油を熱し【1】の両面をこんがり焼く。皿に盛りつけ、オリーブ油（分量外）をふりかけ、みじん切りしたイタリアンパセリをちらす。

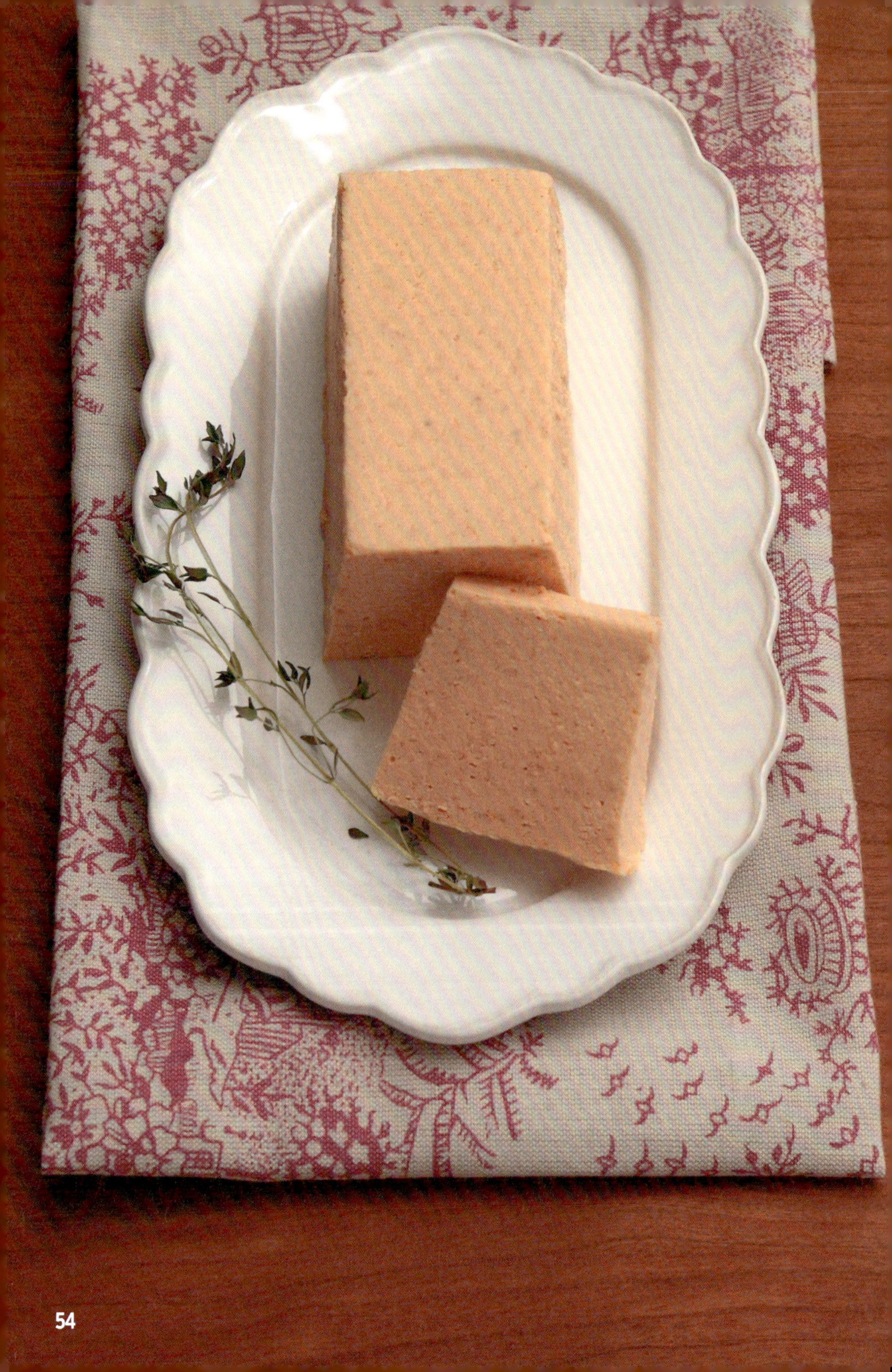

サーモンのふわふわテリーヌ

豊富に含まれるサーモンのDHAで健康増進!

Ingredients 材料

できあがり量 280g (13×6×5cmのパウンド型)	
生鮭	200g
溶き卵	40g
絹ごし豆腐	40g

How to Cook つくりかた

■ 下準備
　豆腐は水気をきっておく。
　オーブンは150℃に予熱しておく。

1. 生鮭は骨を取り除き、ざく切りにしてフードプロセッサーにかける。ペースト状になったら溶き卵、豆腐を順に加え、そのつどフードプロセッサーを回す(フードプロセッサーは材料を加える時、必ず一度止めて)。

2. 材料がしっかり混ざったら、型に少しずつ移し、そのつど型の底を台にかるく打ちつけ空気を抜く(写真A)。すべて型に入れたらゴムべらなどで表面を平らに整える。型をアルミホイルで覆いバットの上に置き天板にのせる。バットに型の2/3の高さまでお湯をはり(写真B)、150℃に予熱したオーブンで20～30分蒸し焼きする。

3. 火が通ったら粗熱を取り、重しをのせ(同じ型をのせて輪ゴムでしばってもOK)(写真C)、冷蔵庫に入れて約4時間冷やす。

124 kcal/100g

126 kcal／100g

メカジキのハーブパン粉焼き

下味をしっかりつけてレモンをかければ、飼い主さんにもおいしいデリに！

Ingredients 材料

できあがり量　150g

メカジキ	120g
卵、薄力粉、パン粉	各適量
タイム、イタリアンパセリ、ローズマリー（いずれもドライ）*	各1g
オリーブ油	25ml

＊ハーブの使い方はP.91をご参照ください。

How to Cook つくりかた

1. メカジキは4～5等分に切り、ハーブは細かく刻みパン粉に混ぜる。薄力粉、溶き卵、パン粉を順にメカジキにつける（写真）。
2. フライパンにオリーブ油を入れ中火にかけて、両面をこんがり焼く。

ステーキ

最上級の祝祭感。犬たちも大好きな食の王様!

Ingredients 材料

できあがり量　100g

牛もも肉	100g
〈コールスロー〉	
キャベツ	10g
にんじん、パプリカ	各5g
りんご	10g
パセリ(ドライ)	適量

How to Cook　つくりかた

1. 牛肉は肉たたきでたたき、サイコロ状に切る。フライパンを中火にかけて牛肉をこんがり焼き上げる。コールスローとともに器に盛りつける。

〈コールスロー〉
キャベツ、にんじん、パプリカは電子レンジなどで下ゆでする。粗熱が取れたらりんご、パセリとともにみじん切りにして、ボウルで混ぜ合わせる(好みで小さじ1程度のヨーグルトを入れても)。

191 kcal/100g

豆腐のミートローフ

切り口のゆで卵に注目！
おもてなしにもぴったりな一品です

Ingredients 材料

できあがり量　550g　（13×6×5cmのパウンド型）

いんげん ・・・・・・・・・・・・・・・・・・・・・・・・・・・・・	3本
パプリカ（赤、黄）・・・・・・・・・・・・・・・・・・・・・・・	各1/8切れ
うずら卵（ゆでる用）・・・・・・・・・・・・・・・・・・・・	3個
合いびき肉＊ ・・・・・・・・・・・・・・・・・・・・・・・・・・	200g
絹ごし豆腐 ・・・・・・・・・・・・・・・・・・・・・・・・・・・	250g
うずら卵 ・・・・・・・・・・・・・・・・・・・・・・・・・・・・・	2個

＊豚・牛ひき肉100gずつを合わせても

How to Cook　つくりかた

■ **下準備**
豆腐は水をきっておく。型にオリーブ油（分量外）を薄く塗り、型に合わせて切ったオーブンシートを敷く。オーブンは180℃に予熱しておく。

1 いんげんは下ゆでして水気をきって小口切りにする。パプリカはそれぞれみじん切りにする。うずら卵3個はゆでて殻をむく。

2 合いびき肉、豆腐をボウルに入れてうずら卵2個を割り入れ、よくこねる。【1】のパプリカといんげんを加え、野菜をつぶさない程度にかるく混ぜ合わせる。

3 型に【2】を半量入れ、【1】のうずら卵を縦に並べる。残り半量を入れ、型の底を台にかるく打ちつけ空気を抜く。

4 180℃に予熱したオーブンで約30分焼く。粗熱が取れたら重しをして冷蔵庫で一晩冷やし固める。

＊重しの方法はサーモンのふわふわテリーヌ（P.54）参照。

272 kcal／100g

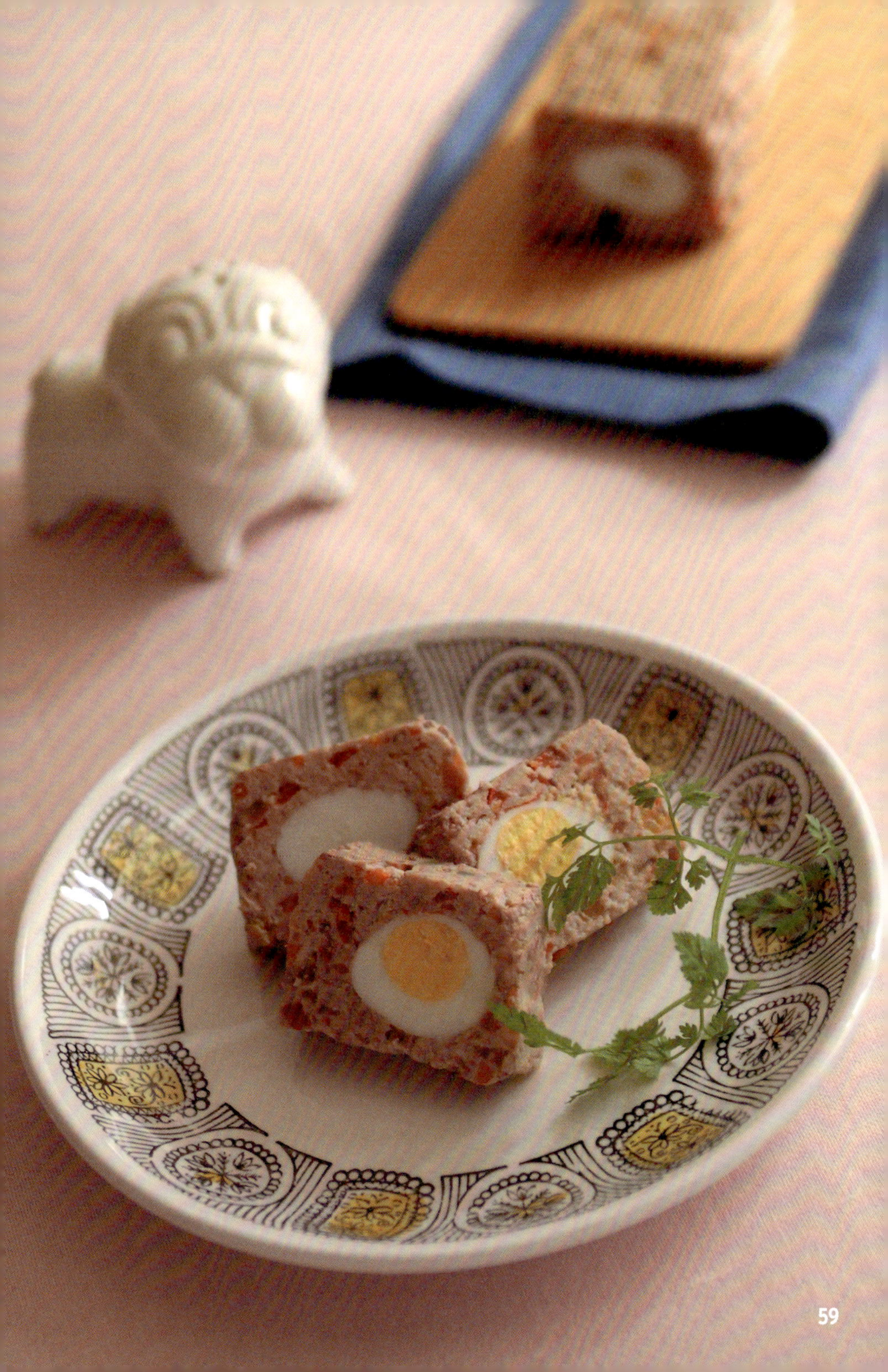

トマトのファルシ

見栄えよし！ 栄養もたっぷりのおしゃれなサラダ

Ingredients 材料

できあがり量　200g

トマト*	1個
生鮭	15g
きゅうり	15g
かぶ	10g
オリーブ油	小さじ1
豆腐マヨネーズ(P.25)	5g
サニーレタス	適量

*トマトについてはP.92を参照ください

75 kcal/100g

How to Cook つくりかた

1. トマトはへたを取り除き、上部を切り落とす。種を取り除いた後、中身をくりぬく（写真）。外側は器がわりになるので取っておく*。

2. 鮭は1cm角に切り下ゆでし水気をきって粗熱を取る。【1】で取り出したトマトの中身、きゅうり、かぶを1cm角に切る。鮭とともにボウルに入れてオリーブ油と豆腐マヨネーズを加えてよく混ぜる。

3. 【1】で取っておいたトマトに【2】を入れて皿に盛りつけてサニーレタスを添える。

*愛犬が食べる時は中身だけを取り出してあげましょう

クスクスのサラダ仕立て

パラリとした食感が格別！　北アフリカうまれの人気料理

Ingredients 材料

できあがり量　185g

クスクス	100g
オリーブ油	小さじ1
トマト	15g
きゅうり	25g
パプリカ（赤、黄）	各20g
トマト（半月切り）	4切れ

244 kcal／100g

How to Cook つくりかた

1. ボウルにクスクスと熱湯100ml、オリーブ油を混ぜ合わせラップをする。約10分ふやかし、冷蔵庫に入れて冷やす。
2. トマト、きゅうりは1cm角に切る。パプリカもそれぞれ1cm角に切り、電子レンジなどで下ゆでする。【1】のクスクスと合わせ混ぜる。
3. 皿に半月切りのトマトを広げ、真ん中にセルクル型をおいて【2】をつめる（写真）。

まぐろとアボカドのタルタル

とびきりのおいしさ！ 海と森との最高のコンビ

158 kcal／100g

Ingredients 材料

できあがり量　70g

まぐろ	40g
アボカド*	15g
レモン汁	少々
豆腐マヨネーズ（P.25）	10g
オリーブ油	小さじ1

＊アボカドの種と皮は必ず取り除いてください

How to Cook つくりかた

1. まぐろとアボカドは1.5cm角に切り、レモン汁と混ぜ合わせる。
2. 豆腐マヨネーズ、オリーブ油を加えてさらに混ぜる。

生春巻き

フレッシュな野菜のシャキシャキとした食感が魅力的

131 kcal／100g

Ingredients 材料

できあがり量　140g（3本分）
鶏ささ身 ………………… 60g
にんじん、きゅうり ……… 各30g
レタス …………………… 20g
ライスペーパー ………… 3枚

How to Cook つくりかた

1. 鶏ささ身は下ゆでし水気をきって粗熱を取り、にんじん、きゅうり、レタスとともに千切りにする。
2. 水で戻したライスペーパーに、【1】の具材の1/3量をのせて端から巻き込む（写真）。残り2本分も同様に作る。食べやすい大きさに切って器に盛りつける。

チキンパテ

たまには少し手をかけて、ごちそうデリにチャレンジを

Ingredients 材料

できあがり量　280g

鶏胸肉　　　　……………　200g
絹ごし豆腐　　………　　40g
溶き卵　　　　……………　40g

116 kcal / 100g

How to Cook つくりかた

■ 下準備
豆腐は水気をきっておく。オーブンは150℃に予熱しておく。

1. 鶏肉をざく切りにし、フードプロセッサーで細かくする。ペースト状になったら水きりした豆腐と卵を少しずつ入れ、そのつどフードプロセッサーで完全に混ぜきる（フードプロセッサーは材料を加えるとき、必ず一度止めて）。

2. [1]を型に少しずつ移し、そのつど型の底を台にかるく打ちつけ空気を抜く。すべて入れ終えたらゴムべらなどで表面を平らに整える。アルミホイルで覆い、バットに入れて天板にのせる。型の2/3の高さまでお湯をはり、150℃に予熱したオーブンで20〜30分蒸し焼きする。

3. 火が通ったら粗熱を取り重しをのせ（同じ型をのせて輪ゴムでしばってもOK）、冷蔵庫に入れて約4時間冷やす。

＊湯せん焼き、重しの方法はサーモンのふわふわテリーヌ（P.54）参照

ポークリエット

豚肉のうまみがたっぷりつまった本格的な味わい

Ingredients 材料

できあがり量　350g

豚ロース肉・・・・・・・・・・・・300g
にんにく・・・・・・・・・・・・・少々
オリーブ油・・・・・・・・・・小さじ2

118 kcal／100g

How to Cook つくりかた

1. 豚肉は脂を切り落とし、一口大に切る。にんにくは包丁でかるくつぶす。

2. 鍋にオリーブ油を入れ、中火にかけて熱し、にんにくを炒める。香りが立ち、色づき始めたら豚肉を入れてしっかり焼く。水300mlを加えて沸騰したらあくを取り、ふたをしてさらに約1時間弱火で煮る。

3. 【2】の粗熱が取れたら、フードプロセッサーでペースト状になるまでよく回す。器（ココットなど）に入れてラップをかけて冷蔵庫で完全に冷やす。

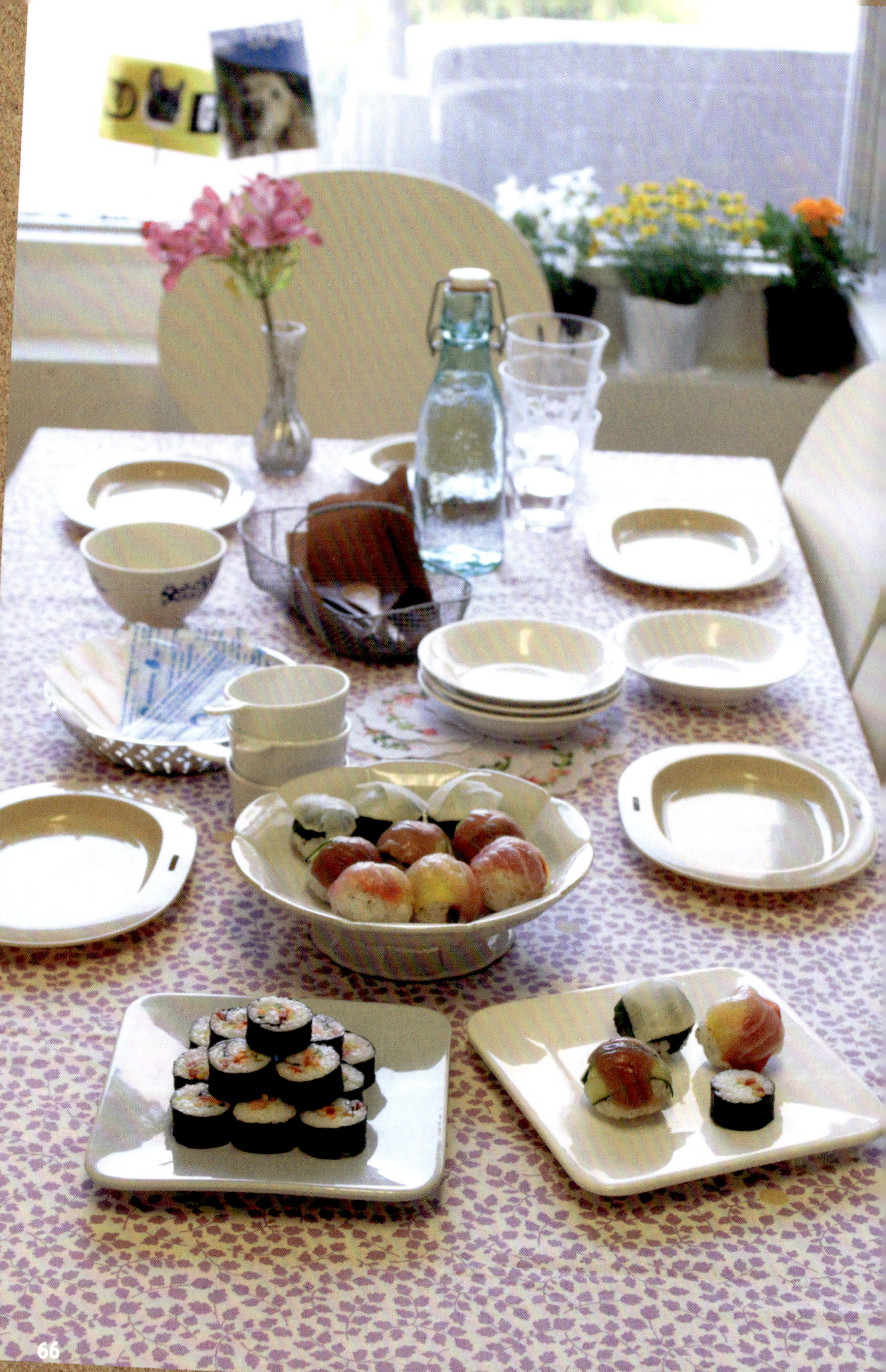

犬たちと仲間たちとスペシャルな時間を

ご近所の散歩仲間や同じ犬種の飼い主さん、公園での常連さん……
犬たちを通じて知り合いがたくさん増えるのも、
愛犬との暮らしの楽しみのひとつですよね！
そんな犬を通じてできたお友だちを
ホームパーティーを開催しておもてなししてみませんか？
ここでは手まり寿司やのり巻きをご紹介していますが、
Specialitiesで紹介したレシピ（P.52〜65）も、
おもてなし料理にぴったりなものばかり。
みんなの喜ぶ笑顔にきっと出会えるはずです！

Party time!

1. 彩り手まり寿司
ご飯（人肌くらいに温かいもの）90g、米酢小さじ1、白すりごま小さじ1を混ぜ合わせ、3等分してラップで包んで丸くまとめる。いちどラップをはずし以下の具をのせて再びラップで丸める。

☐ きゅうりの薄切り＆まぐろ刺身
☐ パプリカの薄切り＆たい刺身

2. ベジタブルのり巻き
ご飯（人肌くらいに温かいもの）100gと米酢小さじ1/3を混ぜて酢飯を作る。まきすに焼きのり1枚をのせ、酢飯を広げ、棒状に切ったきゅうり、にんじん、パプリカ（赤・黄）各5g分を横長に並べる。端から巻き、食べやすい大きさに切る。

Sweets

とびきりのおやつ

▶ P.70
ヨーグルトのマフィン

スイーツをほおばるHappyな瞬間を、犬たちにも味わってもらいたい！
そんな声を聞いて考えたのが、ここで紹介するスイーツたちです。
どれも自然の素材を使ったものばかりだから、ヘルシーで安全。
もちろんあげすぎはNGだけれど、とびきりの食感や香りを犬たちと楽しみましょう。

＊おやつのカロリーはできあがり量に対しての表記になっています。

▶ P.71
お麩のフレンチトースト

ヨーグルトのマフィン

ヨーグルト入りの生地でしっとり仕上げ。
飼い主さんは焼きたてをぜひ

388kcal

Ingredients 材料

(直径約3cmのシリコン型約10個分)

卵	1個
てんさい糖	20g
菜種油	5g
カスピ海ヨーグルト(無糖)	10g
薄力粉	75g

How to Cook つくりかた

■ 下準備
薄力粉はふるっておく。
オーブンは170℃に予熱しておく。

1 ボウルに卵を割り入れ、てんさい糖を加えて泡立て器でよく混ぜる。菜種油、ヨーグルトを順に加えてそのつどよく混ぜる。

2 【1】に薄力粉を加えてゴムべらで粉っぽさがなくなるまでサックリと混ぜ合わせる。

3 【2】の生地をスプーン(または絞り袋)で、型の半分くらいまで入れる。型に入れた生地の中央を少し凹ませる様に表面をならす。

4 170℃に予熱したオーブンで約25分焼く。竹串をさして生地が付いてくるようであれば様子を見ながら火が通るまでさらによく焼く(型により焼き時間が違ってくるので時間を調節)。粗熱を取り器に盛りつけ、好みのソースを添えてできあがり。

Variation ソースでバリエーション

オレンジとスイカのソース

房を取り除いたオレンジ10gとみじん切りしたスイカ25gを耐熱の器(ココットなど)に入れてラップをし、電子レンジ500Wで約1分加熱する。

いちごのソース

いちご15g(2粒が目安)を適当に切り、耐熱の器に入れて、ラップをして電子レンジ500Wで1分~1分30秒加熱する。

ブルーベリーのソース

約15gを適当に切り、耐熱の器に入れ、水小さじ2を加える。ラップをして電子レンジ500Wで1分~1分30秒加熱する。

お麩のフレンチトースト

パンではなくお麩を使うことで、
ヘルシーでやさしい味わいに

78kcal

Ingredients 材料

（直径約2cmのお麩 約15個分）

麩（乾）	ひとつかみ
溶き卵	1/2個分
豆乳	20ml
てんさい糖	少々
無塩バター	少々
カスピ海ヨーグルト（無糖）	適量

How to Cook つくりかた

1 ボウルに溶き卵、豆乳、てんさい糖を入れて泡立て器でよく混ぜる。麩を加え、全体をサッと絡める。

2 フライパンを中火にかけてバターを熱し、[1]の両面をこんがり焼く。器に盛りつけてヨーグルトを添える。

さつまいもとりんごのモンブラン

土台とクリームのさつまいも、2つの食感が楽しい、やさしいおやつ

59kcal

Ingredients 材料

(直径約4cm1個分)

- りんご ･････････････ 1/8個
- さつまいも ･･･････ 1cmの輪切り4枚 (約25g)
- カスピ海ヨーグルト(無糖) ･･ 10g
- りんご(スライス、飾り用) ･･ 適量

How to Cook つくりかた

1. りんごは1cm角に切り耐熱容器に入れてラップをかけ、電子レンジ500Wで約2分加熱する。取り出してそのまま置き、余熱で柔らかくする。

2. さつまいもは皮をむいて、水からゆでて竹串がすっと通るようになったら1枚を残して裏ごしをする。

3. 【2】にヨーグルトを加え練り合わせて、さつまいもクリームを作る(ヨーグルトが足りないようだったらさらに少しずつ加えてなめらかな状態にする)。

4. 【2】で残しておいたさつまいも1枚を土台にし、細い丸型の口金(もしくは、モンブラン用の口金)をつけた絞り袋に【3】を入れて、さつまいもの上に薄く絞り出す。【1】のりんごをこんもりするようにのせ、その上にクリームを渦巻き状に絞り、飾り用のりんごをトッピングする(好みでスキムミルクを茶こしなどでかるくふるっても)。

豆乳クレープ

できるだけ薄く焼くのがポイントです！

306 kcal

Ingredients 材料

(直径15cmのフライパン3枚分)

溶き卵	1/2個分
豆乳	75ml
薄力粉	25g
菜種油	少量
〈中身のクリーム〉	
豆乳カッテージチーズ*	20g
豆乳ホイップクリーム(市販品)	50ml
〈中身のフルーツ〉	
りんご、バナナ	適量
好みのフルーツソース(P.70)	適量

*豆乳200mlと、レモン汁大さじ1半をボウルでとろみが出るまで混ぜる。ボウルにざる、キッチンペーパーをセットしてこす(ボウルに水気が多く出るようなら途中でいちど捨てる)。キッチンペーパーの上をかるく絞り、冷蔵庫に3〜4時間入れる。

How to Cook つくりかた

1 ボウルに溶き卵と半量の豆乳を入れ、泡立て器でよく混ぜる。薄力粉を加えてだまがなくなるまで混ぜ、残りの豆乳を加える。

2 フライパンを中火にかけて温まったら火からおろし、ぬらしたふきんに1〜2秒置いてサッと冷ます。コンロに戻し菜種油を含ませたキッチンペーパーで油をなじませ、【1】の生地の1/3量を流しフライパン全体に薄く広げる。

3 生地の縁がうっすら焼けてきたら裏返し、裏面も約10秒焼く。残り2枚分も同様に焼き、粗熱がとれたらラップにつつみ冷蔵庫で冷ます。

4 りんごとバナナはそれぞれ1cm角に切り、りんごはラップをかけ、電子レンジ500Wで約1分加熱する。豆乳クリームに豆乳チーズを加え、角が立つまで泡立てて、【3】に塗り、りんご、バナナを並べて巻き、フルーツソースをかける。

おからとキャロブのブラウニー

香ばしいキャロブのかおりに犬たちもうっとり！

Ingredients 材料

（縦横約15cmの正方形1枚分）

- くるみ ………… 5g
- 卵 …………… 1個
- おから（生） ……… 75g
- キャロブパウダー …… 大さじ1
- スキムミルク ……… 適量

154kcal

How to Cook つくりかた

1. くるみは包丁で細かく刻む。ボウルに卵を割りほぐし、おからとキャロブパウダーを加える。ゴムべらでムラがなくなるまで混ぜ合わせ、さらにくるみを入れて混ぜる。

2. ラップを大きめに広げてその上に【1】をのせ、さらにその上からラップをかぶせる。ひびが入らないように手で押しながら厚さ約1cmになるようにのばし、正方形に整える。

3. フライパンを中火にかけてラップを外した【2】を入れて焼き、焼き色がついたら、裏返して火が通るまでよく焼く（竹串をさして生地が付いてくる場合は、様子をみながらさらに焼き、中まで火を通す）。

4. フライパンから取り出して粗熱を取り、生地の縁をきれいにカットして食べやすい大きさに切る。器に盛り、スキムミルクを適量ふりかける。好みの抜き型で抜いてもOK。

かぼちゃプリン

こくのあるかぼちゃの甘味がおいしい！

Ingredients 材料

（直径8cmのプリン型3個分）

- かぼちゃ（正味）……100g
- 卵……………………1個
- 豆乳………………100ml

197kcal

How to Cook つくりかた

■ 下準備

オーブンを使用する場合は160℃に予熱しておく。
プリン型に薄くオリーブ油（分量外）を塗っておく。

1. かぼちゃは皮をむいて薄切りにし、耐熱皿にのせてラップをかける。電子レンジ500Wで3〜4分加熱し、竹串がすっと通るくらいに柔らかくする。

2. 【1】を裏ごしし、ボウルに移す。溶きほぐした卵を加え泡立て器で混ぜ、さらに豆乳を少しずつ入れてそのつど泡立たないように混ぜ合わせる。型に等分に分け入れる。

3. 【2】を鍋にそっと入れ沸騰した湯を1.5cmはり、約10分蒸し焼きする。オーブンの場合は天板またはバットに湯を1.5cmはって、約20分蒸し焼きにする。生地がまだゆるい場合は、様子をみながら、さらに蒸す。

ヨーグルト入り蒸しパン
▶ P.78

米粉とおからのパウンドケーキ
▶ P.79

ヨーグルト入り蒸しパン

食べておいしい、見て楽しい！　ほんのり甘い素朴なおやつ

399kcal

Ingredients　材料

プレーン生地
（直径6mmのアルミカップ9個分）

- 薄力粉 ‥‥‥‥‥‥‥‥ 75g
- ベーキングパウダー ‥‥ 小さじ1
- 卵 ‥‥‥‥‥‥‥‥‥ 1個
- てんさい糖 ‥‥‥‥‥‥ 5g
- カスピ海ヨーグルト（無糖）
  ‥‥‥‥‥‥‥‥‥‥ 50g
- オリーブ油 ‥‥‥‥‥ 大さじ1/2

How to Cook　つくりかた

1. 薄力粉とベーキングパウダーは合わせてふるう。
2. 卵をボウルに割りほぐし、てんさい糖を加えて泡立て器でもったりするまでよく泡立てる。ヨーグルトとオリーブ油を加えかるく混ぜ合わせ、【1】を加えてゴムべらでさっくりと混ぜ合わせる（混ぜ過ぎないように注意）。
3. 【2】を型に流し込み、蒸し器で10分蒸す。

＊蒸す時はふたをふきんで包んで上で結ぶと、水滴が生地に落ちるのを防ぐことができます

Variation　バリエーション

■キャロブチップ入り
プレーン生地の作り方で【3】の時にキャロブチップ適量を表面に軽く埋め込む。

■パプリカ入り
パプリカ（赤、黄）各5gを粗みじん切りにし、プレーン生地の作り方【2】で粉類を加えるときに2/3量のパプリカを共に加えて混ぜる。【3】の型に生地を流し込んだ時に、表面に残り1/3量のパプリカを指先で軽く埋め込む。

■キャロブパウダーを生地に入れて
プレーン生地の作り方【1】のタイミングで薄力粉、ベーキングパウダーとともにキャロブパウダー7gを加えてふるい、あとは同様に作る。【2】でキャロブチップ適量を表面に埋め込んでも。

米粉とおからのパウンドケーキ

慣れてきたら、フルーツなどを入れて自分流のパウンドケーキを作ってみても

282kcal

Ingredients 材料

（13×6×5cmのパウンド型）

卵	1個
メープルシロップ	小さじ1
おから（生）	30g
米粉	25g
アーモンドプードル	15g
ベーキングパウダー	小さじ1/3

How to Cook つくりかた

■ 下準備
オーブンは180℃に予熱しておく。型にオリーブ油（分量外）を薄く塗り、オーブンシートを貼り付ける。

1. 卵とメープルシロップをボウルに入れよく混ぜる。さらにおからを加えさっくりと混ぜる。
2. 【1】に米粉、アーモンドプードル、ベーキングパウダーをふるいながら加え、粉っぽさがなくなるまで混ぜ、型に流し入れる。
3. 型の底を台に軽く打ちつけ空気を抜き、180℃に予熱したオーブンで15〜20分焼く。焼き時間が足りない場合は、様子をみながらさらに焼く。

Variation バリエーション

【3】で黒すりごま（適量）を加えると、ごま風味のパウンドケーキに。

バナナシフォンケーキ

ふわふわかるい食感がうれしい。
犬たちはこのかるさがわかるかな？

Ingredients 材料

(直径6cm×高さ5cmの紙コップ3個分)

薄力粉	20g
卵	1個
バナナ	15g
豆乳(または水)	小さじ2
オリーブ油	少々
てんさい糖	小さじ1

How to Cook つくりかた

■ **下準備**
オーブンは170℃に予熱しておく。薄力粉はふるっておく。

1. 卵を割って、2つのボウルに卵黄と卵白とに分け、卵黄のボウルにはバナナを加えて泡立て器でつぶしながら混ぜ、さらに豆乳、オリーブ油、薄力粉の順に入れだまがなくなるまでよく混ぜる。

2. 卵白のボウルにてんさい糖を入れ、ハンドミキサーで角が立つまで泡立てる(写真)。[1]を加えてゴムべらでさっくりと混ぜ合わせる。紙コップに分け入れて170℃に予熱したオーブンで20分焼く。竹串をさし、生地が付いてくるようならば様子をみながらさらに焼く。

122kcal

スイートポテト

ほっぺが自然とゆるんでしまう、なごみ度満点スイーツ

Ingredients 材料

（長さ約5cmの木の葉形5個分）

さつまいも ………… 小1本
卵黄 ……………… 少々

396kcal

How to Cook つくりかた

■ 下準備
オーブンを150℃に予熱しておく。

1. さつまいもを洗って、皮がついたまま水をつけてかるく絞ったペーパータオルで全体を包み（写真）、さらにラップで包む。

2. 電子レンジ200W（弱）＊で12分〜15分加熱し、竹串がすっと通るくらいに柔らかくする。

3. 【2】の皮をむき、裏ごししてから長さ約5cmの木の葉形に形を整える。水分が足りない場合、指に軽く水をつけて整えると形成しやすい。あまりつけすぎると焼きの時に割れてしまうので注意を。卵黄を刷毛で塗り、150℃に予熱したオーブンで表面に焼き色が付くまで15〜20分焼く。

＊200gで12分が目安なので加熱時間は調節してください。電子レンジに200Wがない場合は蒸し器などで蒸してください。

じゃがいものガレット

お腹にしっかりたまるのがうれしい、満足の一皿

Ingredients 材料

〈約8枚分〉

じゃがいも	1/2個
片栗粉	小さじ1/2
オリーブ油	少々
イタリアンパセリ	少々

〈りんごとにんじんのコンポート風〉

りんご(1cmの角切り)	40g
にんじん(すりおろし)	20g

63kcal

How to Cook つくりかた

1. じゃがいもを千切りにし、片栗粉を加えてサッと混ぜる。
2. フライパンを中火にかけオリーブ油を熱し、【1】を8等分にして丸くなるようにフライパンに並べ置き、フライ返しで上から押し付けながら焼き、両面をこんがりと焼く。
3. 器に盛りつけみじん切りにしたイタリアンパセリをちらす。

〈りんごとにんじんのコンポート風〉
りんごとにんじんを混ぜて耐熱の器(ココットなど)に入れてラップをし、電子レンジ500wで約1分半加熱する(足りないようなら様子をみながらさらに加熱する)。ラップをしたままいったん粗熱をとり、冷めたらスプーンで全体を混ぜ合わせて器に添える。

じゃがいものおやき

たくさん作って冷凍保存！ いそがしい時の強い味方に

Ingredients 材料

(直径3cm約10枚分)

じゃがいも ・・・・・・・・・・・ 1/2個
片栗粉 ・・・・・・・・・・・・・・ 小さじ1
好みのソース(P.70) ・・・・・・ 適量

63kcal

How to Cook つくりかた

1. じゃがいもは皮をむいて1cm角に切り、鍋に入れる。かぶるくらいの水を入れて中火にかけ、竹串がすっと通るくらいにゆでる。熱いうちに木べらでつぶし、片栗粉を加えて混ぜる。
2. フライパンを中火にかけて熱する。手に軽く水をつけながら【1】を小さく丸めて少し押し付けるようにして置き並べる。焼き色がついたら裏返し、フライ返しで押し付けながら裏面もこんがり焼く。
3. 器に盛りつけ、好みのソースを添える。

Treats

おやつやごほうび用のトリーツも、
手作りだとナチュラルなおいしさを味わえます。
散歩の時に持ち歩いたり、しつけに使ったり。
思い思いに楽しんで。

さつまいものボーロ

さつまいもの自然な甘みを味わって

222kcal

Ingredients 材料

(直径約1cm約50個分)

さつまいも	50g
溶き卵	10g
はちみつ	大さじ1
片栗粉	25g
薄力粉	10g

How to Cook　つくりかた

■ 下準備
片栗粉と薄力粉はふるっておく。
オーブンは160℃に予熱しておく。

1 さつまいもは1cm角に切り、耐熱皿に広げてラップをかけ電子レンジ500Wで約3分加熱する。竹串がすっと通るまで柔らかくなったら、スプーンの背でつぶす。

2 ボウルに卵とはちみつを加えてよく混ぜる。【1】を加えて混ぜ、さらに粉類を入れて混ぜ合わせ、手でひとまとめにする。水分が多くてまとまりにくい場合は様子をみながら片栗粉(分量外)を少し足す。

3 オーブンシートを敷いた天板に直径約1cmに丸めて並べる。160℃に予熱したオーブンで約25分焼き、粗熱を取る。

オートミールクッキー

さっくりした食感が楽しい簡単クッキー

166kcal

Ingredients 材料

(直径約2cm約30個分)

バナナ（輪切り）	30g
菜種油（オリーブ油でもOK）	5g
メープルシロップ（ハチミツでもOK）	5g
米粉	40g
オートミール	40g

How to Cook　つくりかた

■ 下準備
オーブンは170℃に予熱しておく。

1. ボウルにバナナを入れて、菜種油、はちみつを加え、泡立て器でつぶしながらかるく混ぜる。
2. 【1】に米粉をふるい入れ水大さじ1半を加えて、へらで混ぜ合わせる。粉っぽさが少し残る程度になったらオートミールを加え、全体に混ぜ合わせる。
3. 手で棒状にまとめてからひとつまみずつちぎり、かるく丸めながら指でおさえ（厚さ約0.5cmが目安）、オーブンシートを敷いた天板に並べる。170℃に予熱したオーブンでこんがり色がつくまで約25分焼き、粗熱を取る。

おせんべい

日本の伝統おかしも手作りで！

513kcal

How to Cook　つくりかた

■ 下準備
オーブンを140℃に予熱しておく。

1. 桜えびをすり鉢で細かくなるまですりつぶす。ご飯とともにボウルに入れ、ご飯の粒がある程度なくなるまで混ぜ合わせる。
2. 【1】をラップではさんで、麺棒などで2mmくらいに薄くのばす。好みの型で抜き、オーブンシートを敷いた天板に並べる。
3. 140℃に予熱したオーブンで約30分焼き、ひっくり返してさらに水分がなくなるまで約30分焼き、粗熱を取る。

〈青のりのバリエーション〉
桜えびを青のり2gにして同様に作る。

Ingredients 材料

干し桜えび（無着色）	3g
ご飯	300g

まぐろジャーキー

まぐろの豊富なDHAをおやつでも！

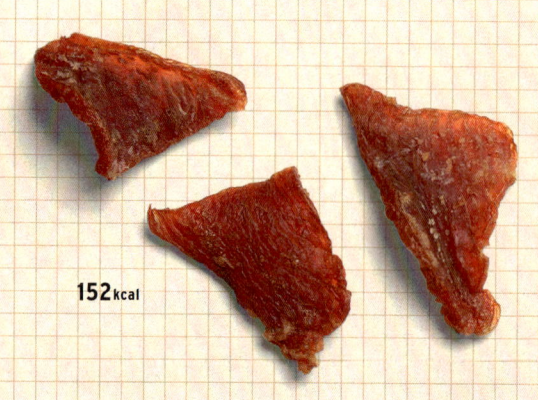

Ingredients 材料

冷凍まぐろ …………………………… 1/2さく

How to Cook つくりかた

■ 下準備
まぐろは半解凍の状態にする。
オーブンを180℃に予熱しておく。

1. まぐろを厚さ3mmのそぎ切りにし、キッチンペーパーで水気をしっかり拭き取り、オーブンシートを敷いた天板に並べる。180℃に予熱したオーブンで約30分、水気がしっかりとぶまで焼き、粗熱を取る。焼き足りないようなら様子をみながら加熱時間を延長する。

152kcal

ささみジャーキー

手作りだからこそできるナチュラルなおいしさ

Ingredients 材料

鶏ささ身 …………………………… 100g

How to Cook つくりかた

■ 下準備
オーブンを100℃に予熱しておく。

1. ささ身を水でよく洗い、キッチンペーパーなどでよく水気を拭き取る。薄くそぎ切りにし(写真)、オーブンシートを敷いた天板に並べる。100℃に予熱したオーブンで60〜90分焼き、裏返しにしてさらに50〜60分、水気がしっかりなくなるまで焼き、粗熱を取る。焼き足りないようなら様子をみながらさらに焼く。

114kcal

じゃがいものプリッツェル

ポリポリとした歯ごたえに犬たちも大満足

285kcal

Ingredients　材料

（10cm長さのスティック約16本）

じゃがいも	80g
薄力粉	50g
スキムミルク	大さじ1
カスピ海ヨーグルト（無糖）	20g
菜種油	小さじ1

How to Cook　つくりかた

■ 下準備
薄力粉はふるっておく。
オーブンは180℃に予熱しておく。

1 じゃがいもは1cm角に切り水にさらし、耐熱皿に広げる。ラップをかけて電子レンジ500Wで約3分加熱し、スプーンなどでつぶす。

2 ボウルにヨーグルト、菜種油を入れてよく混ぜ、1のじゃがいもを加えてさらによく混ぜる。スキムミルクと薄力粉を加えて手でひとまとまりになるまで混ぜ合わせる。

3 【2】をラップではさみ、麺棒で厚さ約3mm、幅約10cmの長方形にのばし広げ、冷蔵庫で約10分休ませる。

4 ラップを取り除き、包丁やピザカッターで幅5mmの棒状に切る。

5 オーブンシートを敷いた天板に間隔を開けて並べ、170℃のオーブンで約30分焼き、粗熱を取る。

60g600円〜。kuma kitchen HPでも販売中

kuma kitchenのクマッキー

店の看板メニューのひとつがクマやいろいろな型で抜いたクッキー、通称「クマッキー」！ごまやトマト、かぼちゃなどの自然素材ばかりで作っているので、やさしい味と素朴な歯ごたえが味わえます。

Cafe Style

犬たちと過ごすおうちカフェ

外でたっぷり遊ぶのも楽しいけれど、飼い主どうしや犬どうし（？）、
ゆっくりとした時間を過ごしたい時もありますよね。
そんな時はおうちをドッグカフェ風にアレンジしちゃいましょう。
いつものテーブルに、クロスを敷いたりお花を飾ったりと、
ほんのひと手間だけでももちろんOK。
ナチュラルな香りいっぱいのスイーツにクンクンと鼻を動かす犬たち。
あたたかいカフェラテを片手におしゃべりする飼い主さんたち。
それだけで、とっておきの時間が過ごせますよ。

2. steamed bread

1. waffle

3. pound cake

1. ワッフル

1 薄力粉100gとベーキングパウダー小さじ1/2は合わせてふるう。卵1個は2つのボウルに卵黄と卵白とに分ける。卵黄のボウルにはオリーブ油小さじ1を入れて混ぜ、さらに豆乳70mlを少しずつ加え混ぜる。さらに粉類を入れてだまにならないように混ぜる。

2 卵白は角が立つまで泡立て、【1】のボウルに2～3度に分けてさっくり混ぜる。生地をワッフルメーカーに流し込んで焼く（焼き時間はメーカーによって違うので調節する）。

2. ヨーグルト入り蒸しパン →P.78
3. 米粉とおからのパウンドケーキ →P.79

My thoughts about homemade deli.

**手作りを始める時
初めての食材を与える時**

犬は基本的に雑食ということになっています。
しかし食環境の変化、特に初めてのものを食べた
時やそれまでのドッグフードから手作りに変えた時
などに、体調をくずしてしまう事例が見受けられます。
ふだんドライフードをメインにあげているかたで手
作りごはんにチェンジする場合は、急に変えるより、
少しずつならすようにしましょう。
例えば、今あげているドライフードのトッピングに、
消化しやすいよう細かく刻んだゆで野菜やお肉な
どを少しずつ加えることなどをおすすめします。

与える時のポイント

毎日同じものばかり与えるのは、栄養バランスがく
ずれるし、アレルギーの原因にもなってしまいます。
それに何より、食事がつまらなくなっちゃいますよね。
ぼくたちが毎日ちがう食材をとる感覚で、犬たちにも
できるだけちがう食材を使った料理を用意してあげ
ましょう。
できるだけ多くの種類の食材を食べさせることは、
犬の体の中にたくさんの消化酵素が準備できると
いうこと。もちろん、バランスよく与えることは大事に
なってきますが……。

とは言っても、難しく考えなくても大丈夫。
「この前豚肉をあげたから、今日は鶏肉を使ってみ
よう」「キャベツがないけど、レタスで代用しよう」
ほら、楽しく作れそうな気がしませんか？

手作りごはんについて思うこと

こだわることで楽しもう

食材を選ぶ時に「これは体に優しいかな？」「これは脂肪分が低くていいね！」なんて、こだわると一段と楽しくなります。

今回は、レシピでヨーグルトはカスピ海ヨーグルト（脂肪0）を使用しています。我が家の14歳のチュー太郎が大好きなヨーグルト。もちろん、ふつうのプレーンヨーグルトでもいいのですが、少しでもヘルシーに食べさせたくて。

オイル類もそう、犬の体の中で作ることができない必須脂肪酸を補うのに最適なので、ぜひ良質なオイルを使うことをおすすめします。
レシピでは大体を菜種油・オリーブ油・ごま油などで作っていますが、他にもたくさん種類があり亜麻仁オイルやグレープシードオイルなども使い勝手がとてもいいです。

もちろんこだわり加減は飼い主さんそれぞれで。「牛乳の代わりに無調整の豆乳を」「お酢はいつもの米酢だけじゃなくてリンゴ酢もバリエーションに加えよう」などささやかなことから始めるのでももちろんOKだと思います。

ハーブ類について

イタリアンパセリ、バジル、ローズマリー、ガーリック（にんにく）などのハーブ類は、フレッシュまたはドライのいずれにしても栄養価が高く、またすぐれた薬効も備えている食材です。ただその反面、与え過ぎると体への負担も出てくるので、十分に注意してください。

たとえばガーリックは、我が家であげるのは1週間につき2回まで、1回あたりの量は1gと微量にしています。

ハーブだけでなくどの食材にも言えることですが、体に良い食材でも量や頻度を考慮しないと、逆効果になりかねません。飼い主さん自身で考え、適正な量を見極めることが大事です。注意すべき食材の種類は次ページでふれているので、お読みください。

Foods that could be **poisonous**

避けたい食材、注意が必要な食材について

僕たちがふだん食べなれているものでも、犬たちにとっては危険な食材もあります。
特に下記の食材は与えないように十分注意しましょう。

▍ねぎ類
（玉ねぎ、長ねぎなど）

体内に入ることで赤血球を壊し、急性の貧血や血尿などを引き起こす成分が入っています。加熱してもこの成分は分解されないので気をつけましょう。ねぎ類そのものが入っていなくても、エキスがしみ出た汁、スープ類も注意が必要です。

▍カカオ類
（チョコレート、ココアなど）

中枢神経を刺激する毒素を含んでおり少量でも、発作・けいれんなどが起き、危篤症状などの事例もあり、特に注意しなければならない食材です。

▍トマトのへた
▍じゃがいもの芽

ソラニンという毒素が多く含まれているので危険です。じゃがいも、トマトともに食材自体はこの本にも多く登場する食材ですので、使用する時は十分注意してください。

その他に気をつけるもの
☐ 卵の白身（生）
☐ 鶏の骨・魚の骨
☐ ブドウ

パピー期には注意が必要
☐ ハーブ類
☐ ハチミツ

※これら以外にも、与えてはいけない食材が多数ありますので、十分ご注意ください。

DER (Daily Energy Requirement)

【1日あたりのエネルギー要求量】の求め方

DER（Daily Energy Requirement）とは1日あたりのエネルギー要求量のことです。このDERを求めるには、まず、RER（Resting Energy Requirement）〈安静時のエネルギー要求量〉を計算してみましょう。

RER＝体重の0.75乗×70

体重の0.75乗は、計算機で体重×体重×体重を計算した後、√ボタンを2回押せば算出することができます。

例）5kgの犬の場合　　5×5×5＝125
　　　　　　　　　　125 √√ ×70＝234.05909

これを四捨五入し、RERは約234kcalと算出できます。
この数字にライフステージによる係数をかけると、DERが算出できます（ライフステージの係数は表をご覧ください）。これらの計算をもとにしたのが体重による〈1日あたりの摂取カロリー目安表〉になります。

ライフステージ	係数
避妊・去勢済	1.6
未避妊・未去勢	1.8
肥満傾向	1.4
減量用	1
体重増加	1.2〜1.4
軽労働	2
適度な労働	3
妊娠（前半42日間）	4〜8
妊娠（後半21日間）	3
離乳〜4ヶ月	4
4ヶ月〜成犬	2

1日あたりの摂取カロリー目安表　単位：kcal　　この表の数値はあくまで目安であり、絶対値ではありませんのでご注意ください

体重	避妊・去勢済	未避妊・未去勢	体重	避妊・去勢済	未避妊・未去勢
1kg	112	126	11kg	676	761
1.5kg	152	170	12kg	722	812
2kg	188	211	13kg	766	862
2.5kg	222	250	14kg	810	912
3kg	255	287	15kg	853	960
3.5kg	286	322	16kg	896	1008
4kg	316	356	17kg	937	1054
4.5kg	346	389	18kg	978	1101
5kg	374	421	19kg	1019	1146
6kg	429	483	20kg	1059	1191
7kg	482	542	25kg	1252	1408
8kg	532	599	30kg	1435	1615
9kg	582	654	35kg	1611	1813
10kg	629	708	40kg	1781	2004

「小動物の臨床栄養学」第4版（マーク・モーリス研究所日本連絡事務所発行）から作成

おわりに

犬を取り巻く環境は、僕が初めて犬を飼った30年前と比べるとかなり変わりました。医療の進歩や食生活の改善による長寿化はとてもよいことだと思うし、ペットブームによる安易な購入とそのために起こる飼育放棄はとてもわるいことだと思います。また、2011年3月に発生した東日本大震災ではたくさんの犬たちとその飼い主さんが辛い思いをし、これを書いている今でも、まだ苦しんでいる犬や人がたくさんいます。

経済先進国といわれている中で、ことペットにおいては後進国といわれている日本で、「食事」というキーワードを通して少しでも犬たちの役に立てれば、とてもうれしく思います。

最後に、犬たちへ。

1、おいしいごはんを作ってもらっている時は、いち早く気付くこと。
2、気付いたら、待ちきれない様子をアピールすること。
3、出されたごはんは、全力であっという間に食べること。
4、食べ終わった後も、しばらくはお皿をなめて物足りなさそうにすること。
5、お皿を下げられたら、満足そうな顔をしてベッドでくつろぐこと。

……これさえ守れば、きっとまた、おいしいごはんを作ってもらえるよ！

全ての犬たちが幸せになることを願って……。

大瀧　知広

🐻 kuma kitchen

2008年に世田谷区駒沢でオープンした「犬のごはん屋さん」。レストランのコックさんが作る「安心で安全」なごはんやおやつは、全国の愛犬家から支持を受けています。
デリやおやつなどはオンラインショップでもご購入いただけます。
みなさまのご期待に添えられるよう、スタッフ一同、日々気持ちをこめて作っております。

http://www.kumakitchen.com/

企画・編集	荻野文雄
編集	西野泉
デザイン	松浦千枝（RUSHMORE Works）
撮影	渡邊春信
イラスト	フジサワミカ

kuma kitchen とっておき愛犬レシピ

2012年 9月10日　第1刷発行
2017年 3月 6日　第2刷発行

著　者　kuma kitchen

発行者　加藤潤
発行所　株式会社 集英社クリエイティブ
　　　　〒101-0051　東京都千代田区神田神保町2-23-1
　　　　電話　出版部　03-3239-3811
発売所　株式会社 集英社
　　　　〒101-8050　東京都千代田区一ツ橋2-5-10
　　　　電話　販売部　03-3230-6393（書店専用）
　　　　　　　読者係　03-3230-6080
印刷所　大日本印刷株式会社
製本所　加藤製本株式会社

定価はカバーに表示してあります。

造本には十分注意しておりますが、乱丁・落丁（本のページ順序の間違いや抜け落ち）の場合はお取り替え致します。購入された書店名を明記して集英社読者係宛にお送り下さい。送料は集英社負担でお取り替え致します。但し、古書店で購入したものについてはお取り替え出来ません。本書の一部あるいは全部を無断で複写・複製することは、法律で認められた場合を除き、著作権の侵害となります。また、業者など、読者本人以外による本書のデジタル化は、いかなる場合でも一切認められませんのでご注意ください。

©2012 kuma kitchen, Printed in Japan
ISBN978-4-420-31059-8　C2077